小学生综合能力提升课

赢在抗挫力

燃燃 ◎ 编著　一舟插画　张张moggy ◎ 绘

山西出版传媒集团　三晋出版社

图书在版编目（CIP）数据

赢在抗挫力 / 燃燃编著；一舟插画，张张moggy绘. 太原：三晋出版社，2025.1. -- （小学生综合能力提升课）. -- ISBN 978-7-5457-3176-7

Ⅰ．B848.4-49

中国国家版本馆CIP数据核字第2025RB8190号

赢在抗挫力

编　　著：	燃　燃
绘　　者：	一舟插画　张张moggy
责任编辑：	王　宇

出 版 者：山西出版传媒集团·三晋出版社
地　　址：太原市建设南路21号
电　　话：0351-4956036（总编室）
　　　　　0351-4922203（印制部）
网　　址：http://www.sjcbs.cn

经 销 者：新华书店
承 印 者：天津中印联印务有限公司

开　　本：710mm×1000mm　1/16
印　　张：7.5
字　　数：56千字
版　　次：2025年1月第1版
印　　次：2025年3月第1次印刷
书　　号：ISBN 978-7-5457-3176-7
定　　价：56.00元

如有印装质量问题，请与本社发行部联系　电话：0351-4922268

目录

001 导语

002 为什么我那么丑？

006 内向是一种罪过吗？

010 如何才能不害怕失败？

014 大家都说我很笨，这是真的吗？

018 所谓的不合群，要不要改？

022 难道我就是传说中的"小透明"吗？

026 拒绝迎合，如何成为敢于说"不"的人？

030 被同学嘲笑长得矮，如何灵活应对？

034 朋友背地里说我坏话，该怎么办？

038 最好的朋友转学了，我该怎么办？

042 面对朋友的冷暴力，该如何沟通？

046 好朋友交了新朋友，自己好像被疏远了怎么办？

050 转学之后如何才能交到新朋友？

054 朋友都有"名牌"，我应不应该也去买？

058 如何准备班干部竞选，才能不落选？

062 不喜欢语文老师，该如何上好语文课？

066 努力了还是考不好，我好没耐心……

070 老师当着全班同学的面，批评了我……

074 班干部职务被免了，如何"官复原职"？

078 组织活动，大家都不听我的怎么办？

082 同学背地里造我的谣，我该如何证明清白？

086 大家都夸姐姐，我如何才能不嫉妒？

090 弟弟出生了，如何"找回"父母的爱？

094 外婆得了重病，我好担心怎么办？

098 爸爸妈妈经常吵架，我能调节得了吗？

102 爸爸妈妈要离婚，我该怎么办？

106 爸爸妈妈离婚了，如何跟离开的人处理关系？

110 怎么才能让爸爸妈妈允许我自己做决定？

导语

有人说，人的一生总是在治愈童年。

童年时期的经历如同灵魂的底色，深深影响着人的一生。

作为这世界初来乍到的一员，孩子的内心犹如娇嫩的花朵，纯净、美丽，但也脆弱、敏感。他们对世界充满好奇心与探索欲，然而在探索的过程中，也必然会产生许许多多的摩擦。在他们幼小的心灵中，如果不懂得如何化解挫折，这些挫折往往容易成为生命不可承受之重。

然而，如果正确应对，挫折并不是坏事，反而会成为孩子成长的力量源泉，帮助他们逐步培养起坚韧的品格和积极的心态。

在本书中，我们始终如一地贯彻"理解孩子"的立场。当孩子面临困境时，我们先去感受和倾听他们内心的情绪和困惑，用专业的理论和知识打开他们的心结，给予他们真切的安慰，然后在这一基础上寻求解决问题的具体方法。因为我们相信，"安全感"才是孩子们面对挫折时勇气的来源。

本书选取了 28 个孩子们在生活中最易遇到挫折的场景，用近 400 幅充满童趣的漫画来讲述，力求准确传达挫折场景中的情感和细节，让孩子们在趣味阅读中，找到应对挫折的方法和勇气，激发他们内心的坚韧和乐观。

心灵丰盛，才是孩子一生最大的资本。

为什么我那么丑？

从小，我就是父母的宝贝、老师的"爱徒"，大家都很喜欢我，我也很喜欢自己。但自从上了四年级之后，突然有一天，我竟然开始不喜欢自己了，因为我发现自己长得不好看……

小眼睛、单眼皮、短睫毛、黑皮肤、粗手臂……
难看的皮囊都被我赶上了

小小少年，为什么会有容貌焦虑呢？

孩子们，爱美不是错，是珍视自己的表现。好看的外貌的确会带来他人赞赏的目光，甚至是"资源"和"机会"。但"你"是比"美丽"重要得多的宝藏哦。

怎么大家都好好看呀！

我最好的朋友安娜经常被大人夸好看，和她在一起的时候，他们看都不看我一眼。

看电视剧的时候，胖子的角色总是呆呆傻傻的。

我喜欢和我们班上的文迪在一起玩，但是他们都说文迪很好看，我站在她身边总是自惭形秽。

1. 现在拍照总有美颜滤镜，社交网络上到处都是美女帅哥，这增加了我们的容貌焦虑。

2. 为什么觉得自己"不好看"？你是不是也有自己的小秘密呢？我们勇敢地把它说出来吧。

> 孩子们，其实咱们不妨想一想，我们羡慕的究竟是好看的容貌呢？还是天生好看为人带去的善意、关怀与爱？其实，对于真正爱我们的人来说，不管我们长得是否好看，爱都不会离开。

大胆追求美，但"我"比"美"更重要

1. 如果真的不满意自己的外貌，可以学习"科学美白""科学护肤""科学减肥"等，大大方方地去追求美丽。

2. 多看到自己的优点，并感受身边人的爱，其实，我们本身已经足够美好了。

3. 很多时候，我们的看法受到了太多来自他人舆论的影响，这时不妨真诚地听一听自己内心的声音，其实，答案已经在我们心中了。

内向是一种罪过吗?

"性格太内向了不好,你得学着让自己变得外向一点。"从小,我的耳边就总是回荡着这样的声音。这些话语如同细密的丝线,一圈圈地缠绕着我,让我感到有些窒息。我时常在想,内向真的是一种罪过吗?

求求你们别说了……

内向者的优点

情感细腻
内向的人对他人的情绪变化比较敏感，能够察觉到他人细微的情感波动，并给予关心和支持。

善于深度思考
内向的人更倾向于将注意力转向内部，反思自己的想法、感受，能够深入剖析自己的内心世界。

冷静理智
内向的人在面对压力和挑战时，更倾向于自己处理情绪，从而更加冷静和理智。

富有创造力
内向的人往往拥有更为丰富的精神世界，在独处时可以任由思绪自由驰骋，因而灵感更丰富，创造力更强。

倾听和理解能力强
内向的人通常会更有耐心去倾听，能够更好地理解他人的感受和需求，给予对方足够的关注和回应，让对方感受到被理解和尊重。

更加专注和细心
内向的人相对更喜欢安静、稳定的环境，不需要过多的外部互动，对事物的观察更仔细。

其实，没有哪种性格是绝对的好或坏，每个人都有自己的性格特点，我们不必因为别人的看法而否定自己。内向也可以赋予我们独特的魅力和能力。如果能发挥出它的优势，我们也会绽放出属于自己的光彩。

内向的人如何自洽地展示自己

1. 书面表达：对于内向的人来说，这是一种更舒适的展示自己的方式。

2. 小范围交流：选择与几个熟悉的人进行深入的交谈，这样能够更好地展示自己真实的一面。

3. 参加兴趣小组：与志同道合的人一起交流、活动。

4. 用行动帮助他人：不必多言，小小的善举会让他人感受到你的温暖和友好。

如何才能不害怕失败?

把头埋起来,看不见成功,更看不见失败。

  我常常会羡慕那些获得成功、站在光环里的同学,渴望自己有一天也能成为像他们那样的"勇士"。但真正轮到面临选择时,自己却像个懦夫,脑子里蹦出的第一个念头就是——如果输了怎么办?唉,为什么自己这么怂怂?难道我注定就是"怕输体质"吗?

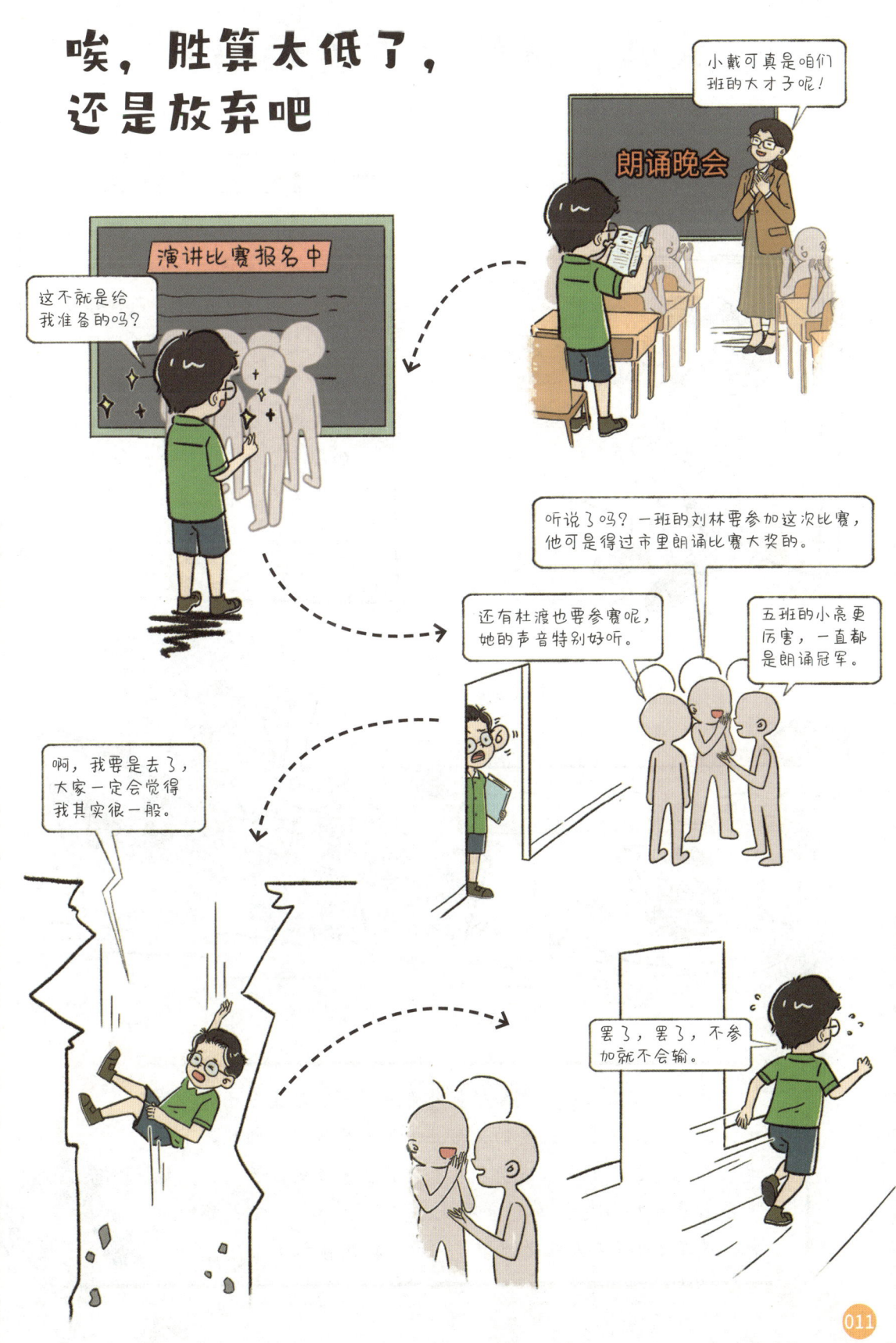

失败，真的值得害怕吗？

我们还小，自我价值感很大程度上来源于别人的评价和认可。父母、老师、同伴那里的肯定和批评，很容易就能影响到我们心里的阴晴。我们担心失败，往往是害怕失去他们的认可，或是害怕已有"人设"崩塌，让自尊心受到强烈的打击。

然而，我们也不能完全根据外部的认可来确定自己的价值哦，别人的看法是会改变的，而且也不一定客观。相比之下，我们多关注自己的内心感受和成长才是更重要的。而且，失败并不代表我们没有能力或者不优秀，每个人都会有失败的时候，关键是我们要从失败中学习，不断提升自己。

害怕失败很正常，巧设目标更重要

大家都说我很笨，这是真的吗？

在我的生活中，"你好笨啊"这样的话经常能听到。即使对方没有说出来，从他们的眼神中我也心领神会了。每次听到他们这么说，我的心里就像压了一块大石头，越压越重，越压越深……

为什么我连这点小事都做不好？

我真是笨笨的吗？

来听听真心话！

我是奥赛冠军，和我相比，大家都很笨。

以前我天天下班和哥们儿打游戏，现在天天辅导作业，真让人郁闷。

我觉得篮球运动不是很适合小明，他完全可以去玩别的，何必在这里较劲呢。

整天做家务真累，一听到摔碎碗的声音就很崩溃！

首先，我们需要厘清一个概念，"他人的评价"并不完全等于"我真实的情况"。因为评价的产生受到了个人经历、情绪、心态等各种因素影响，与其说是对我们的评价，不如说是他人基于自身的经历所投射出的一种主观印象。

"聪明"也没有那么简单，而是需要多加练习才能拥有的特质。在没有付出足够多的努力之前，我们都不能轻易说自己笨。

是啊，不管是学习，还是某一项特长，我都还没有特别上心过呢。

其实，我也可以很聪明

2. 动员身边的资源来打磨自己的闪光点。

1. 优点在精不在多，每个人都有自己的闪光点，只不过有些闪光点还没有被人发现而已。

3. 所有的改变都需要时间，但只要你坚持不懈，一定会让大家看到一个聪明优秀的你！

4. 还有很重要的一点，要学会和那些鼓励你、支持你的人在一起，他们的正能量会帮助你变得更好。

所谓的不合群，要不要改？

　　有时候我真的好苦恼，大家喜欢的东西我都不太感兴趣，而我喜欢的他们也不懂。我喜欢一个人安静地看那些厚厚的书，沉浸在奇妙的天文世界里，可他们却说这很无聊。难道，就因为兴趣爱好不一样，我就没办法获得真正的友谊了？

他们真"肤浅"

为什么会有人不合群?

有些小孩子有着非常独特的兴趣爱好,然而这些兴趣爱好使他们在周围的同龄人中显得格格不入,难以找到共鸣,在寻找玩伴时也会遇到困难。但这并不代表他们不渴望社交,他们只是在等待那个能够理解和分享他们兴趣的人。

其实,只要我们能够用心把握时机,同时运用恰当的方法,那些独特的兴趣爱好根本不会成为阻碍我们参与集体活动的障碍,反而可以成为我们与集体建立连接的契机。它们能够让我们以一种别样的方式融入集体,为集体活动增添更多的色彩和活力。

独特的爱好，恰好是我融入集体的通行证

1. 可以和老师商量，组织一次班级的星空观测活动。

   - 我想教大家如何找到特定的星座。
   - 小戴，你在干什么呀？

2. 手工课上，我们可以展示自己的爱好是多么有趣。

   - 这个是我用饮料瓶和彩纸做的土星模型，大家看，这个黄色的环就是土星的光环，像芭蕾舞裙一样！
   - 哇，好神奇！

3. 作文也是让同学们了解我们独特爱好的好机会哦。

   - 听说你这次的作文得了100分，写的什么呀？
   - 你感兴趣吗？我写的是一个小男孩为了追寻一颗奇怪的星星，克服重重困难，找到古老宇宙传送门并踏入神秘世界的故事。
   - 哇，好有意思，不懂点天文知识还真写不出来。

4. 矢志不渝地去寻找志同道合的朋友。

   - 哇，原来这里才是天文爱好者的大本营啊。

难道我就是传说中的"小透明"吗?

大家有没有发现,每个班级都特别像一部《西游记》,有的同学是"唐僧",学习好又目标坚定;有的同学是"孙悟空",聪明活泼有主见;有的同学是"八戒",虽然大大咧咧,但却是"氛围担当"。而我,却像"沙僧",仿佛就是来"凑热闹"的"小透明",只会说"师傅让妖怪抓走了"……

自我介绍："小透明"本"明"?

为什么我成为班级里的"小透明"?

每个人都渴望着自己能够被他人欣赏,当获得他人关注时,会觉得自己的生命被看见、被认可,这不是虚荣,是发自生命本身的伟大诉求。虽然现在,你的光芒暂时被其他更耀眼的同学掩盖了,但你的独特价值从未消失,每个人都有自己的成长节奏,这正是你积蓄力量的好时机。

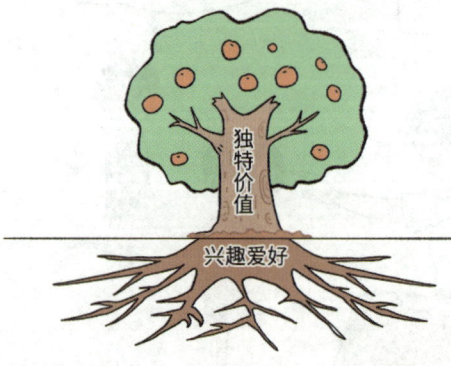

你一定有着属于自己的爱好和兴趣,没错,这就是你独一无二的价值,不过,这份价值要想被看见,需要我们付出相当的努力哦。但只要我们愿意去寻找、打磨自己,想不被看见都难呢。

积极暗示

拒绝迎合，如何成为敢于说"不"的人？

　　我常常觉得自己就像一个影子，总是追随着别人的意见和期望，看着周围的人，他们的喜好仿佛成了我行为的指南针。我渴望被认可，渴望被接纳，于是我不断地弯曲自己，去适应别人的形状。

真是"拒"难开口呀

第10001次,我脱口而出了我的口头禅……

想改变迎合心态，为什么这么难？

然而在当今社会，情况已经大大不同了。我们有了更多的选择和可能性，并不需要无原则地迎合来获得生存的机会。真正的合作是建立在平等、尊重和相互理解的基础上，只有坚持做真实的自己，才能吸引那些与我们志同道合的人，建立起更加健康、持久的关系。

关于拒绝，已是必备技能

被同学嘲笑长得矮,如何灵活应对?

唉,今天体育课又是打篮球。我喜欢篮球,偶像是姚明和勒布朗·詹姆斯,但班里的男同学都不愿意和我一队,他们都嫌我个子矮,说我会拖后腿。长得矮怎么啦?我运球挺灵活的呀。

同学总拿身高捉弄我，好苦恼

我真的再也长不高了吗？

身高这回事，"三分天注定，七分靠打拼"。

> 然而，我们也应该认识到，每个人的身高和体型都是独特的，它们构成了我们个性的一部分。我们不应该因为这些天生的特征而感到沮丧或自卑。事实上，嘲笑他人的身高或体型不仅是一种无知和无礼的行为，还反映了嘲笑者自身的狭隘。

遇到嘲笑该怎么办？

1. 如果只是轻微、正常的玩笑，我们可以幽默地自嘲。

这样不仅可以缓解紧张的气氛，还展现了我们的自信和风度。

我不想做个高冷的人，矮点儿接地气。

你们这样讲，我很生气，请你们下次不要这样了。

2. 如果对方更进一步冒犯，要勇敢地警告他！

3. 如果碰到多次的恶意嘲笑，可以请老师来做主。

让我看看是哪位"姚明"在嫌弃别人长得矮！

亲爱的小土豆，下午值日日咱俩可以换一下不？

请叫我大名！

4. 另外，对于所有喊你不喜欢的绰号的人，都不要轻易回应，直到他喊出正确的名字才可以。

朋友背地里说我坏话，该怎么办？

今天我发现小美竟然在背地里说我的坏话！我好难过。我一直把她当作最要好的朋友，什么好玩的、好吃的都会跟她分享，可她为什么要这样对我呢？每次想起那些坏话，心里就会涌起一股无法言说的痛苦和失望。

谁在背后"蛐蛐"我?

好朋友为什么要在背后说我的坏话？

> 安娜虽然平时脾气急躁，但确实是一个非常善良的孩子。可是面对朋友有可能在背地里说坏话的情况，并不是一味地善良和忍让就可以的。我们要擦亮自己的眼睛，用智慧去处理。

这样做，轻松"融化"坏话！

1. 不要一上来就指责对方，注意从"我的感受出发"来询问对方是否有此事。

2. 不管是对方有心还是无意，如果真的说了，一定要警告对方以后不要这样做。

3. 沟通后记得多观察一段时间，如果朋友还是没有改变，或者态度不好，以后就要和她保持距离。

4. 如果朋友意识到了自己的错误，并且真心改过了，那就可以试着重新交往。

最好的朋友转学了，我该怎么办？

　　阿文要转学了，我心里好难过，没有了她的陪伴，校园里的一切都变得那么陌生和冷清。以后的日子我该怎么办呢？没有她在身边，谁来听我倾诉烦恼？谁来和我一起开怀大笑？谁来在我遇到困难时给我鼓励和支持？

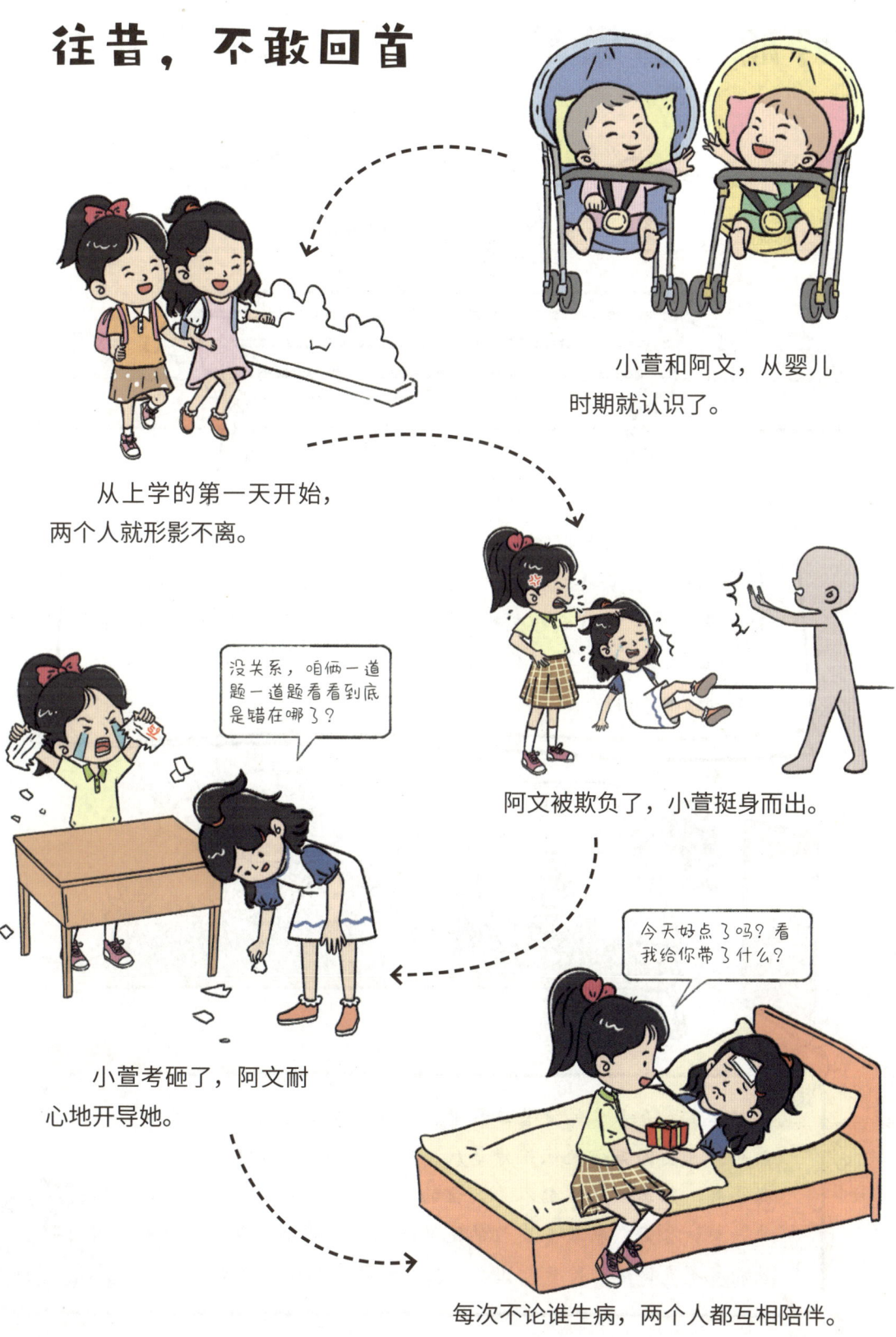

好朋友转学后，心情持续阴转小雨

我们可以闭上眼睛体会一下，这种感觉就叫作"依恋"。我们和好朋友在长期的相处中，建立了深厚的情感链接，心理上获得了安全感、归属感和支持感。而好朋友转学，意味着这种依恋关系被突然打破，内心会感到不安和失落。这就像小时候离开大人时会产生害怕和难过的情绪一样。

其实，在人生的漫长旅程中，朋友分离总是难以避免的。然而，真正的友谊就像璀璨星辰，即便相隔万水千山，也能熠熠生辉。距离，从来都不是友谊的绊脚石，相反，它有时更像是一块试金石，检验着友谊的纯度与深度。离别，也会让每一次相聚都变得格外珍贵，让每一次交流都更加令人期待。

如何维持远距离的友谊

1. 想念对方的时候,可以通过视频等方式保持联系。

2. 约定定期联系,比如考完试去玩、去聚餐。

3. 在一些特殊的时间节点,例如朋友生日,可以送一份礼物维系友情。

面对朋友的冷暴力，该如何沟通？

今天，我和朋友因为一本漫画吵架了。刚开始，两个人只是开玩笑似的吵吵闹闹。可渐渐地，两个人的语气好像开了加速开关，越说越急。刚好，我俩都是倔驴性格，谁也不想让步。最后争得面红耳赤，不欢而散。

冷战之伤

我都主动示好了,她还想怎么样!

并不是所有人都擅长表达自己的情绪,当人们被不满、愤怒或失望的情绪笼罩时,往往会选择沉默不语,或是转身逃避,而非勇敢地表达自己的真实感受。因为这样可以避开直接冲突的锋芒,减少自身所承受的压力。

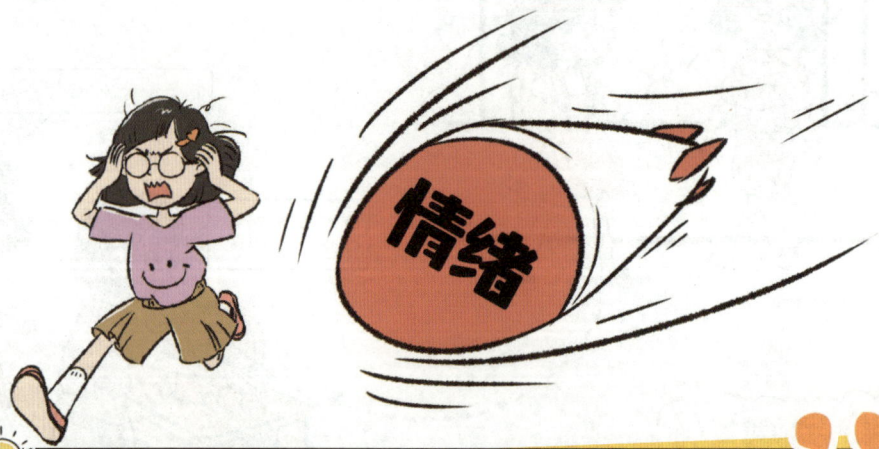

然而,这种看似"明智"的选择,实则可能埋下更多隐患。沉默与逃避犹如一层迷雾,虽在当下给予了人们一种虚假的安全感,却也阻隔了彼此心灵的沟通,让矛盾在无声中发酵,最终可能引发更为严重的冲突与隔阂。而勇敢地表达负面情绪,虽在一时之间会带来些许紧张与不安,但却为问题的解决开启了一扇大门。

面对朋友的冷暴力,我有妙招

好朋友交了新朋友,自己好像被疏远了怎么办?

最近班级里来了一个转学生朵朵,她和我的好朋友成了同桌。从那之后,我的"专属友谊"没有了……我好怕失去这个兴趣、爱好、习惯都和我相似的朋友啊。

朋友有了新朋友，
三个人的友谊好拥挤

我为什么会嫉妒朋友的新朋友？

"吃醋"虽然别扭，但实际上是非常自然的情绪，是出于我们对朋友的在乎。因为我们把她放在了心中重要的位置，所以希望对方心中的自己也占有同样重要的地位。这种位置，自然是不舍得与他人共享的。

喂，喂？

对不起，你的朋友不在服务区。

然而我们之所以能和某人成为朋友，是因为满足了彼此的"情感需要"，可是每个人的"情感需要"不止一种，同时也是在变化的，新朋友满足了她别的"需要"，从朋友的角度上来说，我们应该为她感到高兴才是。

一定是我太差劲了，小萱才会去跟别人玩。

我们自身价值的高低并不取决于是否是某人的唯一的朋友，而是由我们自己的品质、才能、经历和贡献所构成的，不是与他人比较的结果。

每个人都可以拥有多个朋友，这些朋友并不一定是竞争关系。

1. 尝试与好朋友坦诚地沟通，说出心中的失落。不过要避免指责哦，否则会激起敌对情绪。

2. 我依然会珍惜这个朋友，也会对她的新朋友产生好奇，但能不能和她的新朋友成为朋友，我有自己的判断。

试着去打开更多的地图，多去兜兜转转，去接受变化，丰富自己的人生。

3. 不管是和她的新朋友成为朋友，还是我因此有更多的时间和精力去遇到新的朋友，都是好事，我们的边界都在拓宽。

转学之后如何才能交到新朋友?

新学期开始啦

转学后,周围全是陌生的面孔和不熟悉的声音,我就像一只迷失在森林中的小鹿,四处张望却找不到同伴。我尝试和新同学微笑着打招呼,但总感觉无法真正融入他们的世界。每当课间休息时,看着他们三三两两聚在一起,欢声笑语此起彼伏,我会有一种难以言说的孤独。

去新的城市生活，我还没准备好呢

在新学校，我被迫成了"独行侠"。

为什么我对新环境会这么抵触？

我心里其实也清楚抵触新学校不好，但不知道该怎么入手改变，谁都不认识。

心理学上有一个名词，叫作"锚定效应"，就是说，我们的感觉往往会受到最初印象的影响，就像船一旦抛下锚，便会形成一个相对稳定的位置参照点。我们对旧学校的依恋也是如此，这个锚在我们心中扎根，让我们对新环境产生抵触感。

然而，旧学校的"锚"并非不可动摇。旧学校给予我们的回忆固然值得依恋，但新环境也有着无数的美好等待我们去发掘。我们不要被扑面而来的"新"吓破胆，不管是新学校还是旧学校，存在友谊的可能性是一样的。

如何快速地在新学校交到朋友?

朋友都有"名牌",我应不应该也去买?

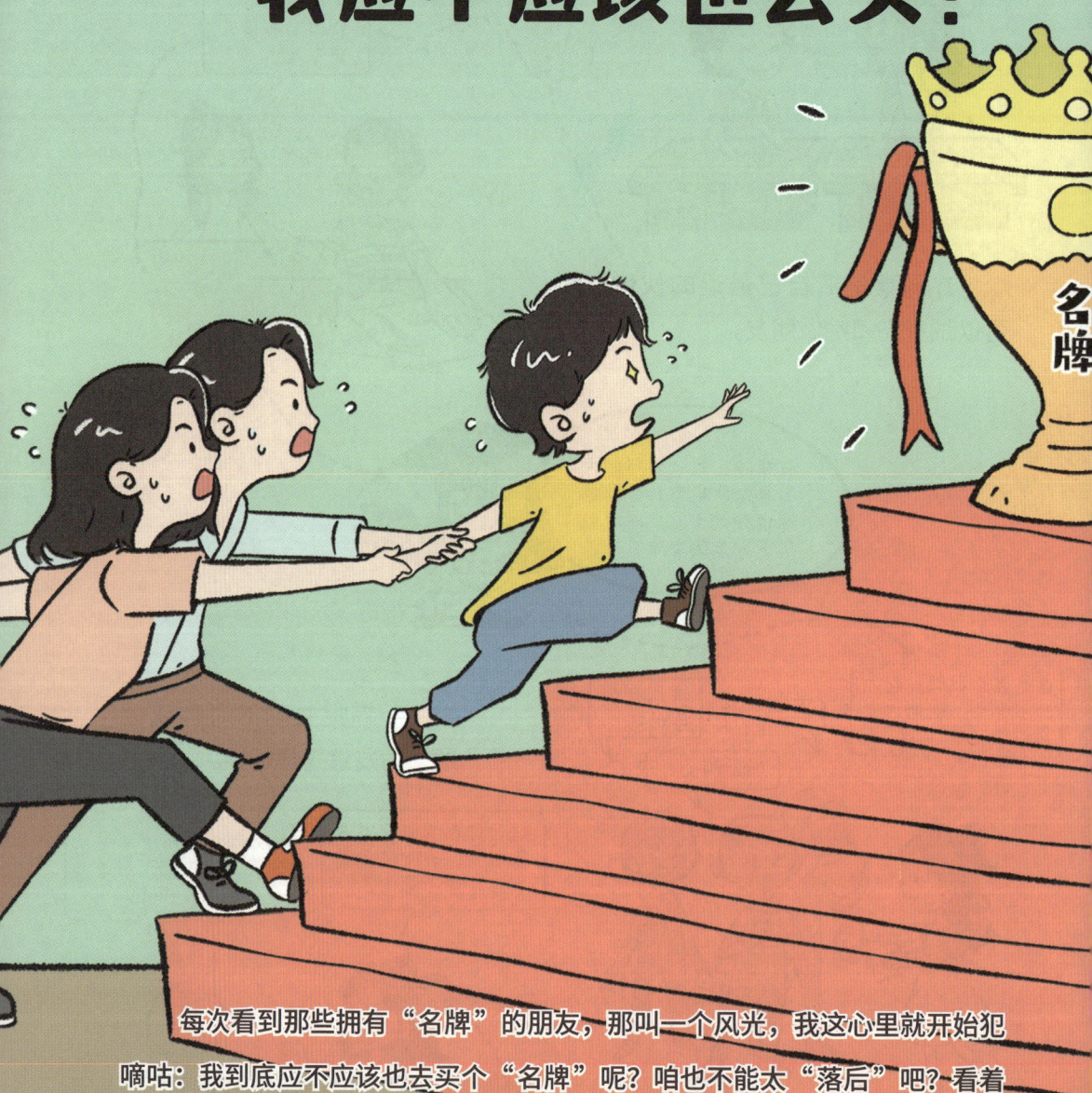

每次看到那些拥有"名牌"的朋友,那叫一个风光,我这心里就开始犯嘀咕:我到底应不应该也去买个"名牌"呢?咱也不能太"落后"吧?看着他们那一身名牌行头,走哪儿都好像自带光环,我要是没有,感觉自己都不好意思跟他们站一块儿……

爸爸妈妈,我也想要新款游戏机

为什么我那么需要一个"名牌"?

你也理解一下,朋友们都有名牌游戏机,我"压力山大"啊。我要是没有,就会被看不起,没办法融入他们的圈子了。

你从前最疼我了,现在不爱我了吗?呜呜呜……

孩子们,渴望"名牌"的心理是可以理解的,我们正在成长为一个朝气蓬勃的青少年,处于寻找身份认同和归属感的关键时期。拥有"名牌"会被我们视为一种身份的象征和被认可的条件。这反映了我们对归属感和独特感的强烈需求。

然而,不知道你是否相信——这是一种认知误区。真正的友谊和融入圈子并不取决于是否拥有"名牌"。如果一个圈子仅仅以"名牌"来衡量是否接纳他人,那这个圈子并不值得你去努力融入。真正的朋友会欣赏你的品质、性格和才能,而不是你的外在条件。

攀比是偷走快乐的小偷

如何准备班干部竞选，才能不落选？

这次班干部竞选，我花了好几天时间准备，但结果却犹如晴天霹雳，让我愣在座位上——给我投票的同学还不到一半。虽然之前也想过自己有可能会落选，但从没想过结果会这么惨烈。我真的不如别的同学吗？我觉得自己参加这次竞选真是得不偿失，到头来只剩下丢人……

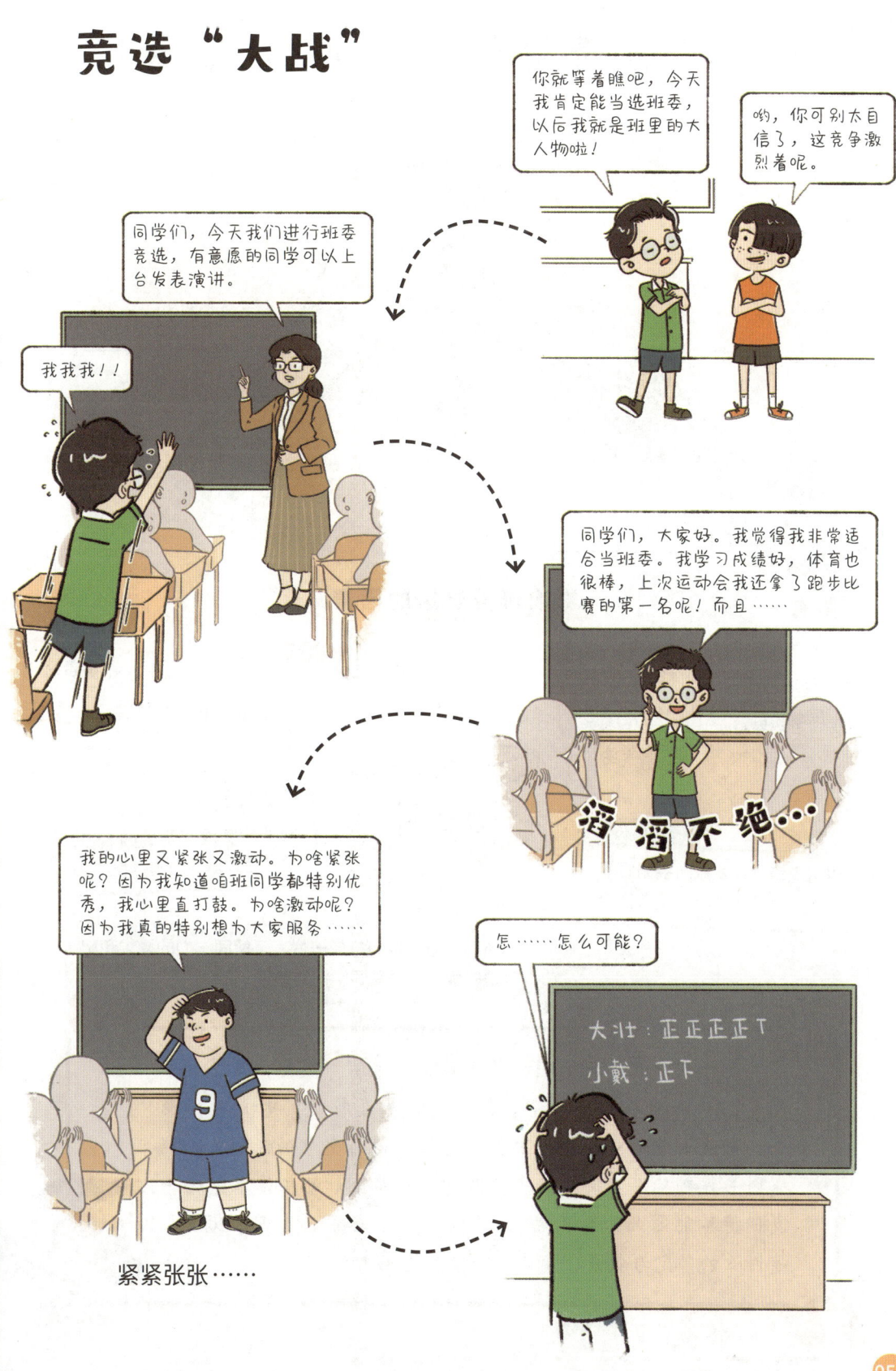

大家不选我是因为我不优秀吗?

很多时候,"落选"和"不优秀"是两码事。

影响班委当选的因素

演讲内容
能明确说出自己对班委工作的目标和规划的同学更容易吸引大家的关注

个人能力
有一些"成就"的候选人,更容易获得同学们的信任和认可

同学偏好
性格特点符合大多数同学偏好的候选人更容易在选举中获得优势

从众心理
许多同学没有明确的意见,会"随大流"做出选择

亲和力
更容易与同学们打成一片、了解同学们的需求和想法的候选人更受同学们的欢迎

> 或许在未来,我们还会经历落选的落寞。然而,落选和不优秀,从来都不是一回事。落选,只是在特定的时刻与场景下,命运给予的一次别样安排,可能是因为竞争的激烈,可能是因为评判标准有侧重,更可能是因为那微妙的机缘未到……我们绝不能因此给自己贴上"不优秀"标签。真正的优秀,是内心的笃定与执着,不会因一次落选而黯淡。

这样竞选，成功率大大提升哦

1. 竞选班干部，一定要选准目标，让优势充分发挥。

2. 充分调动过往的相关经历，证明自己有当选的资格。

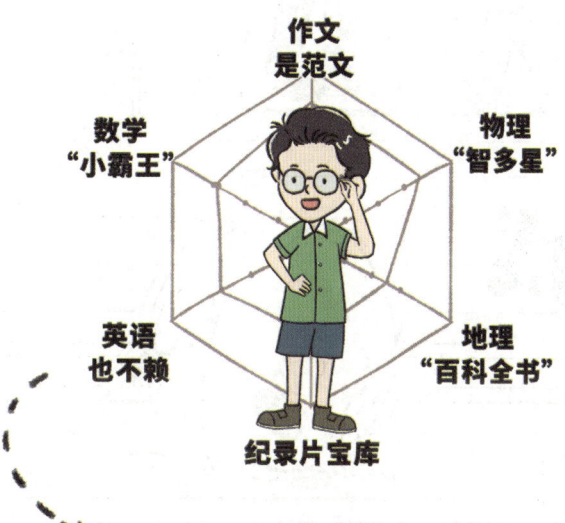

4. 明确说出自己对班委工作的目标和规划。

3. 强调你当选后能给大家带来哪些好处。

不喜欢语文老师,该如何上好语文课?

大家都听过"爱屋及乌",你们听过"厌屋及乌"吗?对!这是我最近的体会。因为我讨厌新语文老师,所以现在非常抗拒学语文。本来我的语文成绩在班里还算中上游,可自从对新老师产生"敌意"后,我的成绩就像断线的风筝、像落叶、像雪崩……总之就是起起落落落落落落落……

不喜欢语文老师，是我的错吗？

首因效应指的是人们最初接触到的信息和印象往往会在很大程度上影响我们日后的行为与评价。在新老师到来之前，我们与过去的老师建立了深厚的情感连接，那是专属于我们的心理舒适区。而新老师就像一场意外，打破了这份熟悉的舒适，带来了不确定性与陌生感，难免会让我们感到不适应，这也在很大程度上影响了我们对新老师的评价。

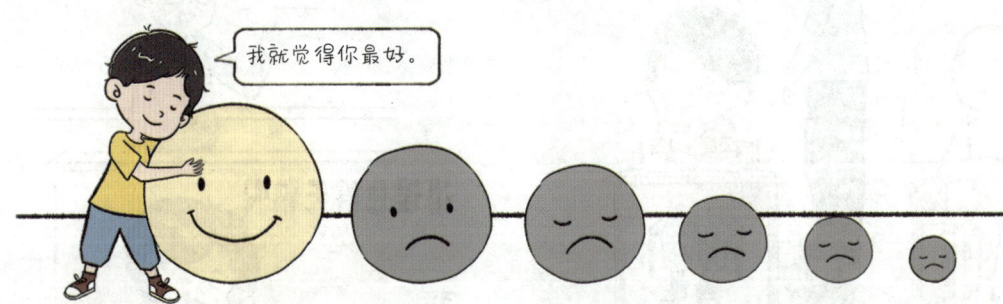

然而，这种不安与不适应只是暂时的。当我们勇敢地去和新老师互动交流的时候，一定会逐渐发现新老师的身上有着许多闪光点呢，不要因为一开始的陌生就否定新老师，给新老师一个机会，也给自己一个拥抱新变化的奇妙经历吧。

不喜欢语文老师，怎么上好语文课？

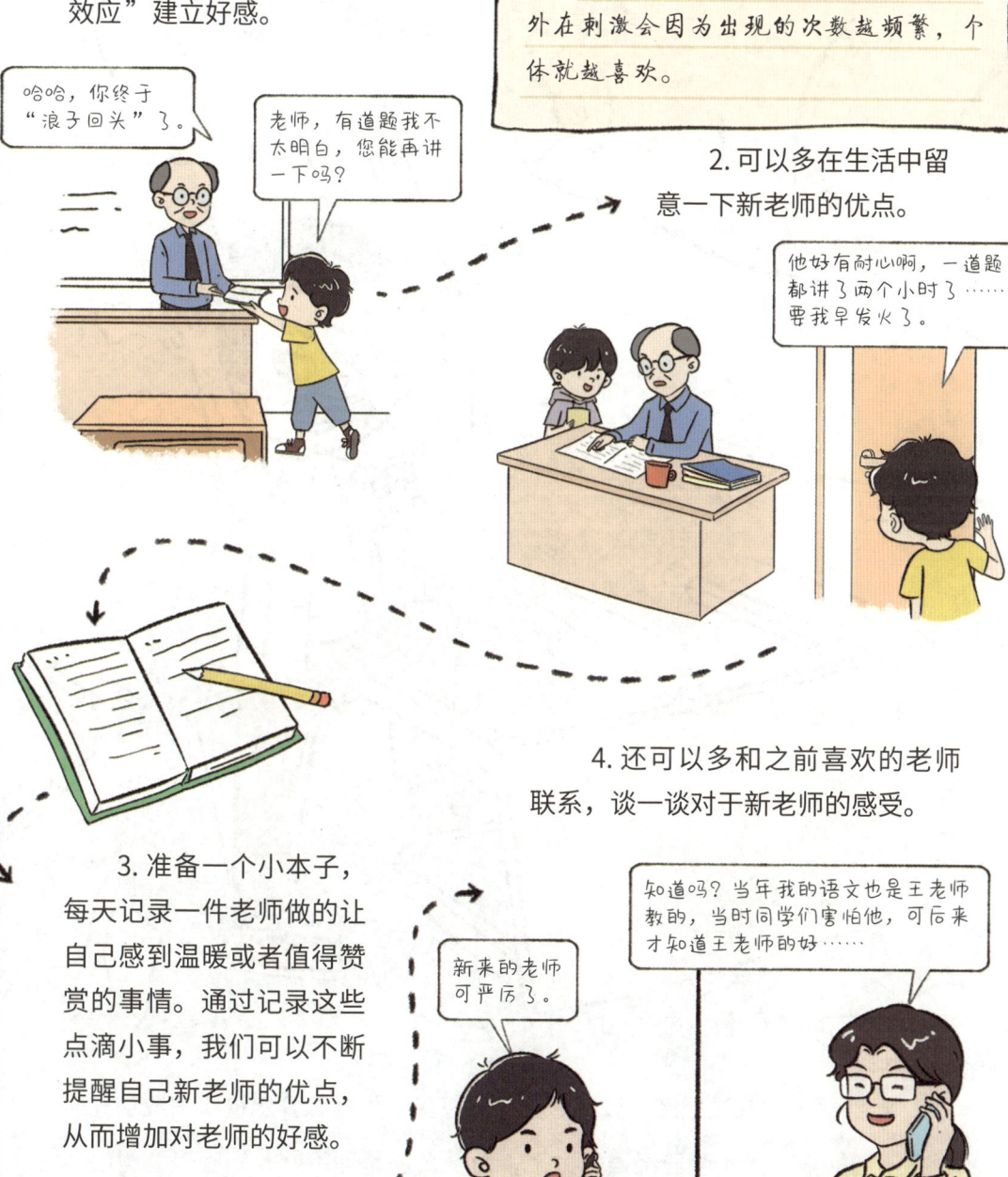

努力了还是考不好，我好没耐心……

再也不学了！

看到最近的考试成绩，我只想抬头问苍天，为什么汗水换不来成功，努力得不到回报？我明明已经很努力了，为什么还是考不好？到底是哪里出了问题？我应该怎么走出这个怪圈？

都说"天道酬勤"，为什么在我这儿"失灵"了？

方向错了，怎么走都是逆风

学习是一个渐进的过程，从接触新知识到真正理解、掌握并能够灵活运用，是需要经历多个阶段的。这个过程就像建造一座高楼，需要从打基础开始，一层一层地往上搭建，不可能一下子就建成。

当我们过于急切地追求好成绩时，往往会给自己带来巨大的心理压力。这种压力和焦虑会影响学习状态和效率。在考试时原本掌握的知识也难以回忆起来。相反，如果我们能够以平和的心态看待成绩，更注重过程，不急于求成，就能够更好地应对学习中的挑战。

努力不是"行为艺术"

老师当着全班同学的面，批评了我……

颜面扫地！丢人至极！我，班级的学习委员，因为自习课上和阳阳下五子棋，竟然被老师当众狠狠批评。同学们都齐刷刷地看着我，他们的眼光如同一束束高温聚光灯，照得我满脸通红，浑身冒汗。

犯错 + 反思 = 成长

优秀的学生常常习惯了以"优秀"的标签来定义自己。这是一件好事，但同时也可能是所谓的"完美主义"的陷阱。这样的学生一旦受到老师的批评，往往会犹如遭受了一记重锤，精心构建的自我认知平衡瞬间就被打破，他们将会困惑和迷茫，难以接受那个突然被指出不足的自己。

即使坠落，下面不也是花海吗？

其实啊，是小孩就难免会犯错，过去一直以来的优秀，只是阶段性的成果，不要让它成为我们前行的阻碍。相比于成功来说，每一次犯错更是促进成长的契机，我们要勇敢地面对错误，从中吸取教训，不断完善自己，这样才能在未来的道路上持续绽放光彩。

被老师批评后，如何调整心情？

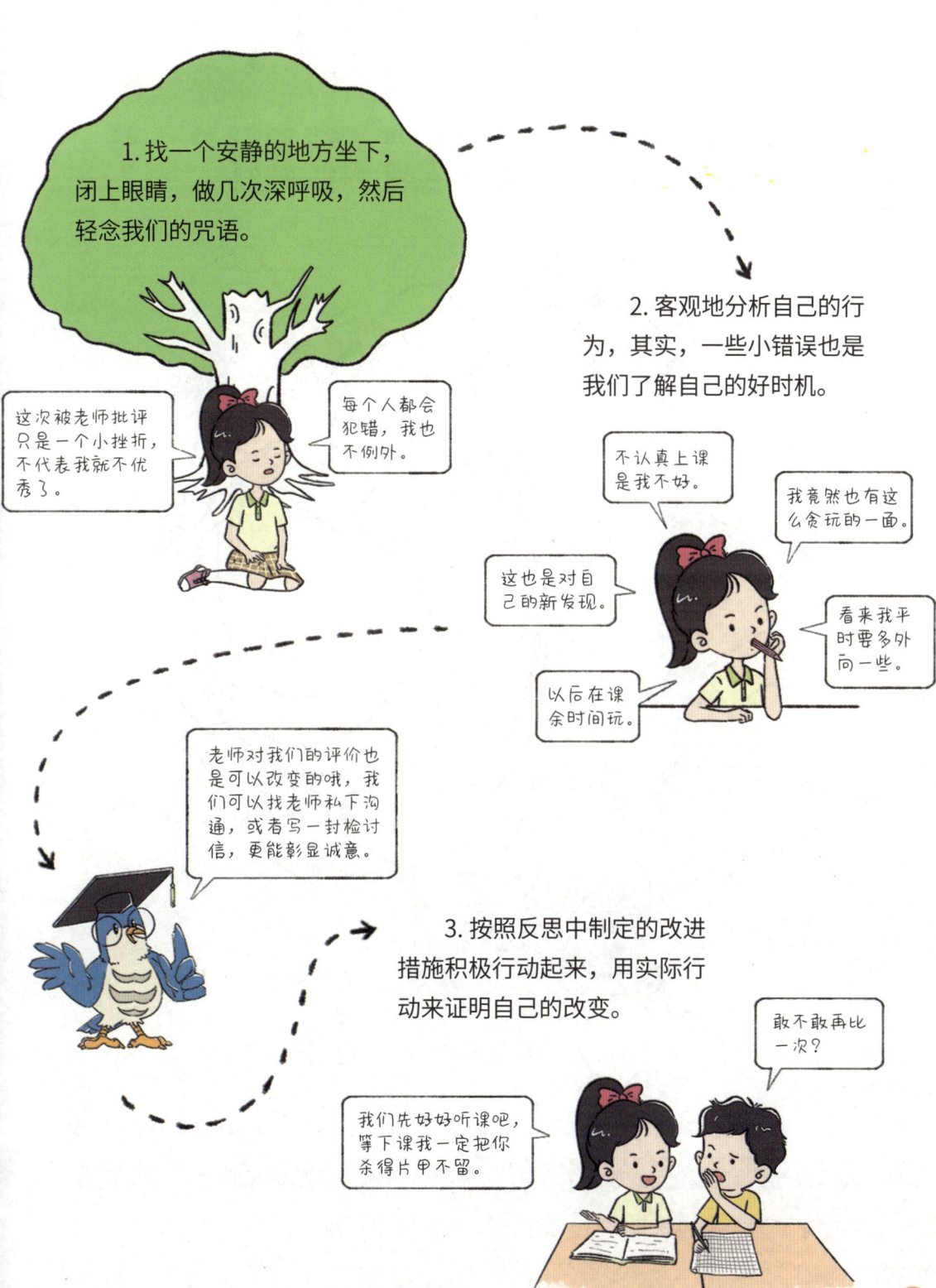

班干部职务被免了，如何"官复原职"？

最近，我的同桌在我的帮助下，成绩"突飞猛进"，也被各个老师竖起大拇指连连夸奖。但我却因为他的"进步"被班主任狠狠批评了，甚至还被撤销了学习委员的职务。爸爸妈妈说，我一点也不冤。

同学成绩"飞速"进步，我有一半"功劳"

这种行为是真的在帮助同学吗?

班干部可不仅仅是一种荣誉,也是老师信任的小助手。既然老师给我们布置了任务,肯定是对我们的信任。试想一下,如果别人辜负了你的信任,你是不是也会失望和难受呢?

我还有机会"官复原职"吗?

1. 不逃避自己的错误。

2. 用实际行动弥补自己的过失。

3. 向别人"取经",学习如何做好班干部,为下次竞选做准备。

4. 请老师督促自己成为一名优秀的班级"助手"。

组织活动，大家都不听我的怎么办？

学校要举办艺术节了，每个班级可以用必唱曲目或自选曲目参赛。当班主任布置给我排练节目的任务时，我有点想打退堂鼓：唉，求爷爷、告奶奶的时候又来了。

果然，我预判了自己的预判

集体活动，怎么好像就我一个人忙活？

其实，归根结底，同学们消极对待集体活动，是因为没有发自内心的动力。在大多数集体活动中，个人的贡献往往不容易被凸显出来，这会让一些同学缺乏个人成就感，觉得自己只是团队中的一个小角色，对活动的结果影响不大，因此不愿意积极投入。

> 然而，对于集体活动来说，每个人都是非常重要的。这就好比一场精彩的足球比赛，虽然进球的可能就那几个同学，但没有后卫的防守、中场的调度，这球能进吗？每个人在团队里都有独特的价值，作为组织者，要善于发现每个成员的价值，要学会激励大家，这样活动的开展就会容易多了呢。

怎么做，才能让班级活动有序推进呢？

1. 善用"鲶鱼效应"，让班级活跃分子以点带面。

2. 将班级"捣蛋鬼"变为班级活动的助力，增加他们的责任感和参与度。

3. 适当的竞争能够形成激励机制，增强活动趣味性。

同学背地里造我的谣,我该如何证明清白?

你知道天上同时掉大饼和砸大锅的感觉吗?这次评优,我荣获了三好学生,但同时竟然也有谣言在背后传开了……更令人生气的是,还有一些同学对我的事一无所知,居然也跟着一起添油加醋……

背后那些令人厌烦的"蛐蛐声"

为什么会有人在背后说我的坏话？

这次没拿到奖，爸爸妈妈该不喜欢我了，以前每届三好学生都是我……

造谣往往是群体行为，当一个人在群体中听到关于你的谣言时，会因为害怕被孤立而选择相信并传播谣言。

心理学研究表明，喜欢造谣生事的人大多存在自我价值感不足的问题。他们通过与他人比较来确定自己的价值，当看到你在某些方面表现出色时，会感到自卑或不安，从而产生嫉妒情绪，通过贬低你来获得一种心理平衡。

你听说过"螃蟹效应"吗？渔民在捉到一只螃蟹时，往往会将背篓盖上盖子。但如果他捉到很多只，就不需要盖盖子了，因为当螃蟹争先恐后想爬出来时，会互相牵制、打压，成为彼此的绊脚石。所以，面对谣言，我们要避免沦为和对方一样的人，从容、智慧地应对才是王道。

从容和智慧，才是谣言的克星

1. 面对质疑，不要内耗，用这句话来回击对方。

2. 如果对方反而让你拿出证据，要这样回应：举证责任不在我。

3. 如果对方执迷不悟，我们一定要告诉老师、家长，让他们对其进行教育，并让对方在公开场合为你澄清。

不管怎样，一定不要不着边际地对骂。即便你并无过错，脱口而出一些脏话、狠话，损伤的都是你的形象，不知就里的人会对你产生更多恶评。

4. 谣言的影响在短时间内未必能全部消除。这个时候，我们用实际行动来自证清白，证明谣言是错的，就够了。

大家都夸姐姐,我如何才能不嫉妒?

我看着被夸赞的姐姐,心里像是打翻了五味瓶,嫉妒的情绪在心底悄悄蔓延。我知道这样不对,可那种酸涩感还是挥之不去。我常常在心里问自己,为什么我不能像姐姐一样优秀,一样被大家喜爱呢?我也努力过,可得到的关注却寥寥无几。

我家的"5A级景区"

为什么我那么嫉妒姐姐？

阳阳,这件事是你不对,可嫉妒也是一种正常的情绪。这是两码事。

我真没用,我不该嫉妒姐姐对不对?

其实,"比较"是人们认识自己的一种重要方式,尤其是拿自己和身边的人进行比较。然而,有些同学非常不幸,就某方面而言,自己与身边最亲近的人实在差得太远,于是被比较的压力便成了难以承受之重,内心在嫉妒之火的熊熊燃烧下,很容易被激发出"恶意"。

"比较"固然是人们认识自己的一种方式,但并非唯一重要的方式。每个人都有自己独特的成长轨迹和价值,不应被单一的比较所束缚。那个看似遥不可及的身边人,或许只是在某一方面较为突出,而你也一定有自己的闪光点等待被发现。与其陷入嫉妒甚至产生"恶意",不如专注于发现自己的独特之处呢。

嫉妒，也可以是向上的动力

弟弟出生了,如何"找回"父母的爱?

从前我才是家里的小公主,爸爸妈妈对我没有不依的事。每到周末,爸爸会带我去爬山,妈妈会陪我一起做手工,家里充满了欢声笑语。

然而,弟弟的出生打破了一切的美好。

弟弟一出生，我就不能"出声"？

他们是有意忽略我吗?

"安娜,弟弟突然生病了,我们实在走不开。"

"每次都是弟弟,你们只关心他,根本不在乎我。"

> 我们一直以来都习惯了处于家庭的中心位置,享受着父母全部的关爱和关注。突然有了弟弟,这种平衡被打破,原本属于自己的温暖阳光似乎被乌云遮住了一部分,难免会感到不公平,甚至有一种被抛弃的恐惧。

有一句老话——"养一个孩子十亩地",要照顾一个小宝宝,花费的精力就像种十亩地那么多。

时刻监测体温
经济压力变大
要更努力赚钱

两小时喂一次奶
产后如何回归职场
突发疾病
换尿布、哄睡

> 其实,这一切都是暂时的,从进化心理学的角度讲,父母对子女的爱是所有生命的必然,不会被任何因素影响其本质,但是在现阶段,也仅仅是现阶段,他们无法有足够的精力关注我们,但他们一定是深爱着我们的。

我该如何平衡自己？

1. 和爸爸妈妈诚恳地表达你的感受。

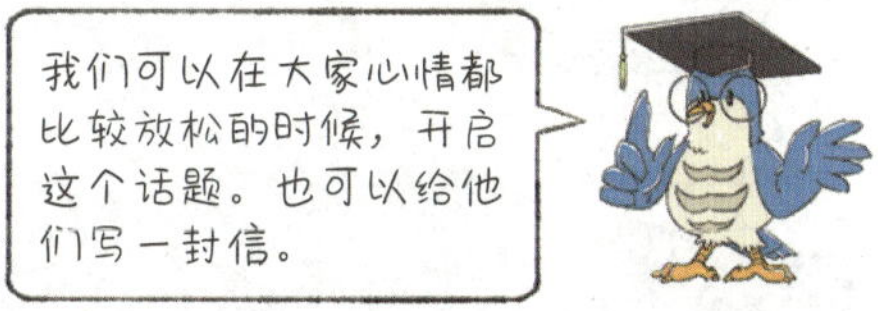

2. 体验"照顾弟弟的一天"。

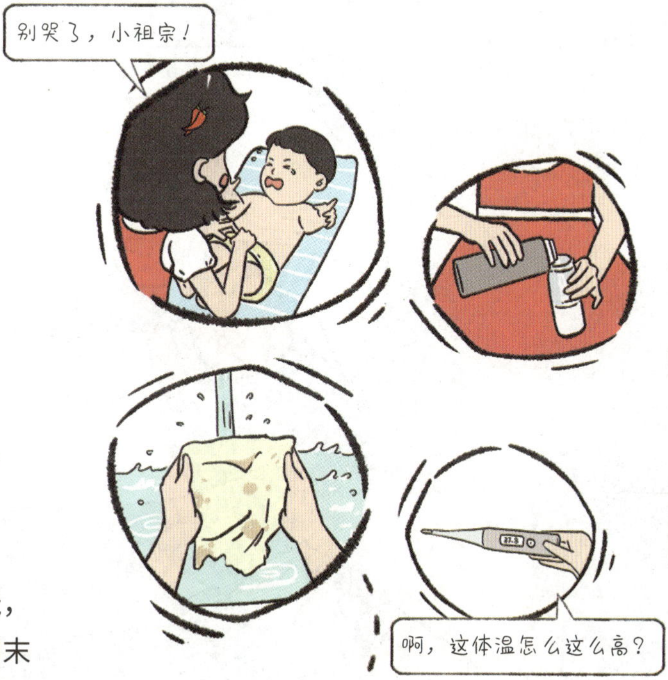

3. 和父母约定一个专属时光，例如，每个月约定一个固定的周末下午。在这段时间里，你可以尽情享受和他们单独相处的快乐。

外婆得了重病，我好担心怎么办？

外婆的咳嗽声让屋子显得更加安静了。看着以往精神矍铄的她，如今只能坐在轮椅上，我难过极了。我想帮她打败病魔，但我还只是个孩子，我能做什么呢？

外婆一生经历了那么多风风雨雨,她是个很坚强的人。现在医学在不断进步,医生们一定会尽全力救治外婆的。你要相信外婆有足够的力量战胜病魔。你可以在心里一直为外婆祈祷,把你的爱和关心传递给她。外婆一定能感受到你的这份心意,为了你也会努力好起来的。

我们现在还小,面对大人的疾病,出钱出力都很有限。但是我们作为他们最疼爱的宝贝,可以为病人提供"情绪价值"。经科学研究证明,一个好的心情对病人的康复有着相当大的正向作用。

如何为病人提供情绪价值？

1. 照顾好自己是陪伴好病人的前提。

> 写完作业就去医院看望外婆。

2. 陪外婆回忆美好往事，能增强她对生活的热爱和信心。

> 外婆，您年轻的时候流行穿什么衣服呀？

> 那时候可不像现在这么时尚，我们就穿那种蓝色或者灰色的布衣。要是有一件花布衣裳，那可宝贝得不得了。

3. 可以一起做折纸和编织等手工，这些活动可以让人快速沉浸其中，既有成就感，还能锻炼手部灵活性。

4. 根据病人的喜好，播放一些舒缓的音乐，如古典音乐、轻音乐等，可以缓解压力，放松身心。

爸爸妈妈经常吵架，我能调节得了吗？

又来了。三天一小吵，五天一大吵，最近爸爸妈妈吵架的频率真的太高了。一点就燃的暴躁情绪→针锋相对的阵势→火花四溅的交锋→不甘示弱的鸣金收兵。唉，这套吵架流程，我可太熟悉了。

这次的"导火线"是一块面包

吵架是一种另类的交流

作为家庭的一分子，看到自己最爱的爸爸妈妈吵架时，肯定会联想他们是不是不爱彼此了？其实，吵架并不代表他们不相爱。有时候，爸爸妈妈只是压力大了，也会像孩子一样不冷静，会有坏情绪。他们也可能会哭、会争吵，或说出一些并非他们真实想法的重话、难听的话。这只是他们释放压力的一种方式。

听说有七年之痒，爸爸妈妈都十年了，是不是不再相爱了？

你俩慢慢吵，吵累了休息会儿，吵渴了旁边有白开水。

天下没有一个家庭是完美的，有时吵架也不是那么糟。家人互相发脾气、吵一吵，气消了，又会回到正常状态。如果换作是你，有朋友对你做了让你觉得不舒服的事情，如果你一直闷在心里不说破，几次之后，你也会忍不住心里的小火苗，对不对？大人的争执也是一样！如果不拿出来讨论，误会可能更大。如果能够即时解决问题，大家的关系会更好，彼此之间的感情还会更温馨。

爸爸妈妈的"热战"中，我能做点什么呢？

爸爸妈妈要离婚，我该怎么办？

　　这次不是"狼来了"，爸爸妈妈真的要离婚了。那天放学回家，他们各自悄悄拉着我问，以后想和谁生活。唉，我内心一万次呐喊："一家人就是要整整齐齐的，我当然想和你们一起生活啊！一个都不能少！"

从此，我的家"破碎"了……

我要成没人要的可怜孩子了吗？

每个人都会犯错，有时候结婚也是父母犯下的错。平心而论，父母离婚是因彼此无法继续相处，与我们没有关系。虽然父母的"伙伴关系"破裂了，但他们对你的爱并不会缺失。如果今后父亲或母亲不再和你一起生活，并不意味着要甩掉你、不爱你。

俗话说，强扭的瓜不甜，父母勉强在一起，却总是争吵，这样的家庭貌似完整，实则毫无幸福可言。他们在决定离婚前，一定曾无数次努力地想要解决问题，但是因为种种原因失败了。于是决定兵分两路，重新开始。从另一个角度看，他们也是真正的勇士，因为这比懒惰地维持现状，需要更多勇气。

离婚之后，和父母的关系也不变

1. 可以向父母表达需要双方依旧共同关心自己的愿望。

2. 定期积极地和离开的一方保持联系。

3. 可以组织父母共同参与家庭活动，如一起出去游玩、聚餐等。

4. 做好自己的事情。

爸爸妈妈离婚了，如何跟离开的人处理关系？

"啪！"妈妈将她与爸爸的离婚证扔在了沙发上。从今天开始，爸爸妈妈之间的争吵就结束了。今后，我就和妈妈一同生活了。然而，现在我有一个困惑：以后，我究竟该如何面对爸爸呢？若搭理爸爸，是否是对妈妈的"背叛"？可我也很爱爸爸，实在做不到对他不理不睬啊。

我的家，发生了一些变化

夹心饼干的滋味可真不好受

在父母离婚之前，我们一定会经常目睹他们两个之间的争吵，甚至是谩骂，看到他们愤怒、敌对的表情。所以，在父母离婚之后，我们难免在潜意识当中，把爸爸、妈妈看作"敌人"。和妈妈生活在一起，想到要去找爸爸，自然会十分的忌惮。

> 然而，父母离婚前的争吵只是他们在特定情境下的情绪表现，并不代表爸爸本质上是妈妈的敌人。你是爸爸的孩子，有权利去维持与爸爸的联系，这对我们的成长和未来的发展都至关重要。我们需要做的，就是去体贴、照顾好妈妈的情绪。

这样交流，既能联系爸爸也能照顾好妈妈

体贴妈妈的付出

妈妈，我知道你很辛苦，一个人带着我生活不容易，我很感激你为我做的一切。

你是我生命中最重要的人，我会一直爱着你、陪伴你。

宝贝，爸爸他也爱你。你可以随时和爸爸联系，我不会生气的。

坦诚自己的感受

但是我对爸爸还是有感情的，我想偶尔见见他，和他说说话，因为他也是我的亲人。

强调不会影响对妈妈的爱

妈妈，我和爸爸联系并不代表我不爱你了，我会一直站在你这边，支持你。

倾听妈妈的想法

妈妈，我尊重你的意见，关于这件事，也想听听你的想法。

寻求妥协和共识

妈妈，能不能商量一下，我一周和爸爸见一次面可以吗？

怎么才能让爸爸妈妈允许我自己做决定?

"妈妈替你做主了""我都是为你好"这样的车轱辘话,我的耳朵都听得起茧子了,每次爸妈替我做决定的时候,我就觉得自己好像很没本事,时间一长,我都不敢再说出自己的想法了。

你现在还小,爸妈帮你做选择都是为你好

自主权的重要性

自我决定的三个需要

- **自主需要** → 体验选择，感觉自己的行动像个首创者 → 产生自我掌控的满足与喜悦
- **胜任需要** → 相信自己能在富有挑战性的任务上取得成功 → 影响长期心理健康
- **关系需要** → 与别人建立相互尊重和依赖的关联 → 构建归属感和信任感

在心理学中，自我决定是一个重要的概念，指的是每个人做出选择和管理自己生活的能力。它满足了一种与生俱来的需要，让我们感觉我们是在按照自己的意志行事，从而使自己感受到活着的满足感和创造感。

自主权这么好，那为什么父母还不放心让我们自己做决定呢？

这主要是出于父母对我们的担忧和关爱。父母的确比我们更具生活经验，而且这些经验往往是"踩坑"踩出来的，所以他们不希望我们也经历同样的挫折。

如何才能让爸爸妈妈放心让我们自己做决定？

1. 展示成熟和责任感。

2. 先请求父母允许你在一些小事情上做决定。

3. 告诉父母，你愿意接受他们的监督和建议，让他们知道你不是盲目做决定的。

4. 提前制定一个详细的计划，向父母展示自己思考的过程和应对可能出现问题的能力。